BEI GRIN MACHT SICH IHR WISSEN BEZAHLT

- Wir veröffentlichen Ihre Hausarbeit,
  Bachelor- und Masterarbeit

- Ihr eigenes eBook und Buch -
  weltweit in allen wichtigen Shops

- Verdienen Sie an jedem Verkauf

Jetzt bei www.GRIN.com hochladen
und kostenlos publizieren

Thomas Nordmann

Der Syndromansatz des WBGU

GRIN Verlag

Bibliografische Information der Deutschen Nationalbibliothek:

Die Deutsche Bibliothek verzeichnet diese Publikation in der Deutschen National-
bibliografie; detaillierte bibliografische Daten sind im Internet über http://dnb.d-
nb.de/ abrufbar.

Impressum:

Copyright © 2007 GRIN Verlag GmbH
Druck und Bindung: Books on Demand GmbH, Norderstedt Germany
ISBN: 978-3-638-93777-1

Dieses Buch bei GRIN:

http://www.grin.com/de/e-book/75736/der-syndromansatz-des-wbgu

UNIVERSITÄT
OSNABRÜCK

Fachbereich: Geowissenschaften

Hauptseminar: Umweltveränderungen und Migration   08.01.07
Sommersemester 2006
Ausarbeitung: Thomas Nordmann (912667)

Thema:

Der Syndrom-Ansatz des WBGU

Gliederung

1. Einleitung

Seit Beginn der Menschheit wird die natürliche Umwelt durch das ökonomische und soziale Handeln des Menschen verändert. Doch erstmals in der Geschichte der Erde haben diese anthropogenen Eingriffe in die natürliche Umwelt ein globales Ausmaß erreicht und wirken sich auf die Erde als Ganzes aus. Insbesondere der Klimawandel, der Verlust biologischer Diversität, die Bodendegradation sowie die Verknappung und Verschmutzung von Süßwasser gehören zu den weltweit voranschreitenden kritischen Veränderungen der natürlichen Umwelt. Durch die Ausbreitung nicht nachhaltiger Lebensweisen, die anhaltende absolute Armut sowie das Bevölkerungswachstum werden die Eingriffe in die Natur weiter verstärkt (vgl. WBGU 1996a, S.1ff) .

Die aus diesen globalen Umweltveränderungen resultierenden Folgen bestimmen das Verhältnis der Menschen zu ihren natürlichen Lebensgrundlagen völlig neu und zeigen sich vor allem in der wachsenden Verwundbarkeit gegenüber Naturkatastrophen, in Ernährungskrisen und zunehmenden Erkrankungsrisiken. Insbesondere in Entwicklungsländern haben diese Folgen der von Menschen verursachten Umweltveränderungen ein kritisches Ausmaß erreicht (vgl. WBGU 2005, S. 2f) .

Dieser bedrohliche Transformationsprozess des Systems Erde, der als Globaler Wandel bezeichnet wird, stellt für die Wissenschaft und die Politik eine große Herausforderung dar: es muss erklärt werden, wie sich die Umwelt auf globaler - aber auch auf lokaler - Ebene durch anthropogene Eingriffe verändert, wie umgekehrt diese Prozesse durch die natürlichen Veränderungen beeinflusst werden sowie ob und in welchem Maße Steuerungsmöglichkeiten für den Globalen Wandel bestehen. Dabei ist die Veränderung der Umwelt eng mit der Entwicklung der menschlichen Gesellschaft verbunden und nicht mehr als getrennter Prozess zu verstehen. Die Analyse, Modellierung und übersichtliche Darstellung der komplexen Zusammenhänge fordert demnach interdisziplinäres Zusammenarbeiten von Gesellschafts- und Naturwissenschaften, um die Wechselwirkungen und Dynamiken im System Erde seit Beginn der Neuzeit zu verstehen.

Diesen schwierigen wissenschaftlichen Fragenkomplex versucht der transdisziplinär arbeitende Wissenschaftliche Beirat der Bundesregierung Globale

Umweltveränderungen (WBGU)[1], der sich mit der Erforschung des Globalen Wandels beschäftigt, mithilfe des von ihm entwickelten Syndromansatzes zu beantworten. Der Syndromansatz, der erstmals in einem WBGU-Gutachten im Jahre 1993 vorgestellt wurde, dient einer fächerübergreifenden Beschreibung globaler Umwelt- und Entwicklungsprobleme und ihrer Dynamik. Der Begriff ‚Syndrom' ist der Medizin entlehnt, wo er komplexe ‚Krankheitsbilder' bezeichnet. Bezogen auf die Analyse des Systems Erde sind Syndrome typische Ursache-Wirkungs-Muster des Globalen Wandels, die sich sowohl auf die Umwelt als auch auf die gesellschaftliche Entwicklung auswirken. Dabei ist der Syndromansatz entwickelt worden, um die Ursachen und Wechselwirkungen globaler Umwelt- und Entwicklungsprobleme zu erkennen, Maßnahmen zu ihrer Linderung aufzuzeigen und um künftige Folgen vorherzusagen (vgl. Niller 2004).

Mit Bezug auf das Seminarthema „Umweltveränderung und Migration", in dessen Rahmen diese Arbeit verfasst wird, ist das primäre Ziel dieser Arbeit den interdisziplinären Syndromansatz ausführlich zu erläutern, und diesen mit dem Themenkomplex der umweltbedingten Migration in Beziehung zu setzen. So sollen Verknüpfungspunkte zwischen dem Syndromansatz und Migration hergestellt werden, um gegebenenfalls herauszufinden, inwiefern sich Migration auf den Globalen Wandel sowohl zurückführen lässt als auch auswirkt.

Demzufolge ist diese Arbeit wie folgt gegliedert: Zunächst wird der Wissenschaftliche Beirat der Bundesregierung Globale Umweltveränderung, der den Syndromansatz entwickelt hat, vorgestellt, um Hintergründe und Motive zu erfahren.
Darauf folgt die Darstellung der Kernprobleme des Globalen Wandels, die den Ausgangspunkt für den Syndromansatz bilden. Ableitend von diesen Kernproblemen des Globalen Wandels widmet sich der Hauptteil dieser Arbeit dem Syndromansatz, indem zunächst die Grundlagen des Ansatzes erläutert werden, um daraufhin mittels zwei Fallbeispielen ins Detail zu gehen. In diesem Teil der Arbeit soll auch der Bezug zum Seminarthema „Umweltveränderung und Migration" hergestellt werden und erläutert werden, dass Migration einerseits Ursache andererseits auch Folge eines Syndroms sein kann.

---

[1] Im folgen als WBGU bezeichnet

Zum Schluss werden im Fazit - mit Rückbezug auf die eingangs formulierten Ziele - die wichtigsten Aspekte dieser Arbeit zusammengefasst und abschließend der Syndromansatz kritisch betrachtet.

2. Der WBGU

2.1 Aufgabenbereiche

Der 1992 im Vorfeld der Rio-Konferenz[2] von der damaligen Bundesregierung eingerichtete WBGU ist ein unabhängiges wissenschaftliches Beratergremium. Dabei bietet der transdisziplinär arbeitende Beirat politischen Entscheidungsträgern vor allem bei Fragen der globalen Umwelt- und Entwicklungsproblematik Orientierung. Der WBGU versucht also politisches Handeln zu erleichtern, damit solche Entscheidungen vermieden werden, die zu unumkehrbaren, gravierenden Schäden für Mensch und Natur führen. „Auch bisher unterschätzte oder kaum wahrgenommene Risiken können vom WBGU rechtzeitig ins Rampenlicht von Politik und Öffentlichkeit gerückt werden" (WBGU 2005, S. 2).

Alle zwei Jahre veröffentlicht der WBGU ein Hauptgutachten zu fächerübergreifenden Themen des globalen Wandels. Diese 200 bis 400 Seiten umfassenden Hauptgutachten, deren Themen vom Beirat selbst gewählt werden, sind umfangreiche Analysen mit ausführlichen wissenschaftlichen Begründungen und enthalten Handlungs- und Forschungsempfehlungen für eine nachhaltige Entwicklung.

---

[2] Bei der sogenannten Rio-Konferenz der Vereinten Nationen für Umwelt und Entwicklung (UNCED) in Rio de Janeiro wurden unter Beteiligung von 178 Staaten umwelt- und entwicklungspolitische Probleme erörtert. Unter anderem mit dem Aktionsprogramm ‚Agenda 21' wurden die Grundlagen für eine neue weltweite Zusammenarbeit in der Umwelt- und Entwicklungspolitik geschaffen (vgl. Aachener Stiftung Kathy Beys, 2005)

Folgende Themenkomplexe wurden in den Hauptgutachten des WBGU bisher bearbeitet (Quelle: WBGU 2005, S. 3f)[3]:

- „Armutsbekämpfung durch Umweltpolitik" (2004)
- „Energiewende zur Nachhaltigkeit" (2003)
- „Neue Strukturen globaler Umweltpolitik" (2000)
- „Erhaltung und nachhaltige Nutzung der Biosphäre" (1999)
- „Strategien zur Bewältigung globaler Umweltrisiken" (1998)
- „Wege zu einem nachhaltigen Umgang mit Süßwasser" (1997)
- „Herausforderung für die deutsche Wissenschaft" (1996)
- „Wege zur Lösung globaler Umweltprobleme" (1995)
- „Die Gefährdung der Böden" (1994)
- „Grundstruktur globaler Mensch-Umwelt-Beziehungen" (1993)

Brennpunktthemen des Globalen Wandels werden zudem in Sondergutachten, die von der Bundesregierung in Auftrag gegeben werden können, und in Politikpapieren, die meist zu wichtigen Konferenzen (Kyoto, Johannesburg) erstellt werden, behandelt.

Neben der Analyse von Umwelt- und Entwicklungsproblemen, der Erarbeitung von Handlungs- und Forschungsempfehlungen für eine nachhaltige Entwicklung und deren Darstellung in den Gutachten, bestehen weitere Hauptaufgaben des WBGU vor allem in der Auswertung nationaler und internationaler Forschung auf dem Gebiet des Globalen Wandels. Hier soll im Sinne von Frühwarnung auf neue Problemfelder hingewiesen, Forschungsdefizite aufgezeigt und neue Impulse für die Wissenschaft gegeben werden. Des Weiteren beschäftigt sich der WBGU mit der Beobachtung und Bewertung nationaler Politiken zur Umsetzung einer nachhaltigen Entwicklung. Zudem wird durch Presse- und Öffentlichkeitsarbeit versucht, das Bewusstsein für die Probleme des Globalen Wandels zu fördern (vgl. WBGU 2005, S. 3ff)

---

[3] Obwohl in der Literatur (WBGU 2005, S. 3) angegeben ist, dass Hauptgutachten alle zwei Jahre erstellt werden, variieren die Zeiträume zwischen den Veröffentlichungen. So wird bei der selben Quelle (WBGU 2005, S. 3) aus der Auflistung der Hauptgutachten ersichtlich, dass Hauptgutachten größtenteils jährlich veröffentlicht werden

2.2 Zusammensetzung des WBGU

Entsprechend dem Anspruch der fächerübergreifenden Beschreibung globaler Umwelt- und Entwicklungsprobleme setzt sich der WBGU aus Wissenschaftlern verschiedener Disziplinen zusammen. Die neun Mitglieder des Beirates werden vom Bundeskabinett auf Vorschlag der Minister für Bildung und Forschung (BMBF) sowie Umwelt, Naturschutz und Reaktorsicherheit (BMU) für eine Dauer von vier Jahren berufen. Für die Finanzierung des WBGU sind ebenfalls diese beiden Ministerien verantwortlich.

Derzeit setzt sich der Beirat aus folgenden Wissenschaftlern zusammen (Quelle: WBGU 2005, S 5):[4]

- Prof. Dr. Renate Schubert (Vorsitzende), *Professorin für Nationalökonomie und Leiterin des Instituts für Wirtschaftsforschung, ETH Zürich*
- Prof. Dr. Hans-Joachim Schellnhuber (stellvertr. Vorsitzender), *Forschungsdirektor des Tyndall Centre in Norwich und Direktor des Potsdam-Instituts für Klimafolgenforschung*
- Prof. Dr. Nina Buchmann, *Professorin für Graslandwissenschaften, Institut für Pflanzenwissenschaften, ETH Zürich*
- Prof. Dr. Astrid Epiney, *Professorin für Völkerrecht, Europarecht und schweizerisches öffentliches Recht, Université de Fribourg*
- Dr. Rainer Grießhammer, *Mitglied der Geschäftsführung des Öko-Instituts e.V., Freiburg*
- Prof. Dr. Margareta E. Kulessa, *Professorin für Volkswirtschaftslehre, Fachhochschule Mainz*
- Dr. Dirk Messner, *Direktor des Deutschen Instituts für Entwicklungspolitik GmbH, Bonn*
- Prof. Dr. Stefan Rahmstorf, *Professor für Physik der Ozeane, Universität Potsdam und Potsdam-Institut für Klimafolgenforschung*
- Prof. Dr. Jürgen Schmid, *Professor an der Universität Kassel, Vorstandsvorsitzender des Instituts für Solare Energieversorgungstechnik*

---

[4] Berufungsperiode endet im Oktober 2008

Diese Mitglieder des WBGU treffen sich jährlich elfmal zu zweitägigen Zusammenkünften. Zusätzlich werden sie von zehn Mitarbeitern des Alfred-Wegener-Instituts für Polar- und Meeresforschung logistisch und mit wissenschaftlichern Expertisen unterstützt.

3. Der Globale Wandel

3.1 Neue Forschungsfragen

Der Globale Wandel, mit dem sich der WBGU beschäftigt und den sie erforscht, bildet den Ausgangspunkt bei der Erläuterung des Syndromansatzes.

Der Globale Wandel ist dadurch geprägt, dass der Mensch mit einem Teil seiner zivilisatorischen Handlungen planerisch in das System Erde eingreift, wodurch dieses verändert wird. Vor allem der Abbau von Rohstoffen, die Umlenkung von Stoff- und Energieflüssen, die Veränderung großräumiger natürlicher Strukturen sowie die kritische Belastung von Schutzgütern hat in den letzten Jahrhundert stark zugenommen. Mit dieser Zunahme der Einflüsse des Menschen einhergehend, hat sich auch der Charakter des Systems Erde verändert.

Die Komplexität dieser Entwicklungen und des Wirkungsgefüges dieser Prozesse untereinander hat eine Reihe neuer Forschungsfragen aufgeworfen, die der WBGU zu beantworten versucht (WBGU 1996a, S.2f):

- *„Wie kommt es zu den Naturveränderungen und wie sind sie mit der globalen Entwicklungsproblematik verknüpft?*
- *Wie kann man sie rechtzeitig erkennen und vorhersagen?*
- *Welche Risiken sind mit ihnen verbunden?*
- *Wie muß der Mensch reagieren, um negative Entwicklungen auf globaler Ebene zu verhindern, um drohenden Gefahren zu begegnen bzw. um die Folgen globaler Veränderungen zu minimieren?"*

Das entscheidende bei der Beantwortung dieser Fragen ist der untrennbare Zusammenhang zwischen Umwelt und Entwicklung, worin auch enthalten ist, dass „der Mensch und seine Umwelt ein eng miteinander verflochtenes System bilden" (WBGU 1996a, S.2). Aufgrund seiner Komplexität kann das System Erde nicht mit einfachen Analysemitteln sowie aus der Perspektive nur einer Disziplin beschrieben und in seiner Gesamtheit erfasst werden. Daher ist die vorwiegend sektoral geprägte

Forschung durch einen systematischen Ansatz zu ergänzen, der verschiedene disziplinäre Forschungsstränge miteinander verknüpft (vgl. Schottes 2000, S. 8 und WBGU 1996, S. 109).

3.2 Kernprobleme des Globalen Wandels

Der Syndromansatz des WBGU entspricht diesen Forderungen und dient einer solchen integrierten, interdisziplinären Beschreibung globaler Umwelt- und Entwicklungsprobleme. Ausgangspunkt des Syndromansatzes bilden die bereits eingangs erwähnten Kernprobleme des Globalen Wandels, die im folgenden näher erläutert werden. Dabei werden die beiden Teilräume des Systems Erde Natursphäre und Anthroposphäre aufgrund der besseren Verständlichkeit an dieser Stelle zunächst getrennt dargestellt. In Wirklichkeit sind die Phänomene des Globalen Wandels allerdings das Resultat vielschichtiger Interaktionen zwischen Natur- und Anthroposphäre[5].

3.2.1 Natursphäre

Mit Natursphäre wird das Wirkungsgefüge der Geoökofaktoren (Klima, Wasser, Böden etc.) und deren Gesamtausdruck in der Landschaft bezeichnet (vgl. Leser 2001, S. 554).

Zu den Kernproblemen des Globalen Wandels der Natursphäre zählen der *Klimawandel, die Bodendegradation, die Verknappung und Verschmutzung von Süßwasser, die Übernutzung und Verschmutzung der Weltmeere, der Verlust von Biodiversität sowie die Zunahme anthropogen verursachter Naturkatastrophen.*

Insbesondere der durch die Anreicherung von Treibhausgasen mitverursachte *Klimawandel* wirkt sich stark auf das System Erde aus. So sind Rückkopplungen der anthropogenen Erderwärmung unter anderem auf die ozeanische Zirkulation (bspw. den Golfstrom) und damit einhergehend Folgeerscheinungen wie Klimazonenverschiebungen zu befürchten. Weitere durch die Erderwärmung verursachte regionale und globale Auswirkungen auf Mensch und Natur wie die Verschiebung landwirtschaftlicher Anbauzonen, das Abschmelzen der Polkappen oder der Anstieg des Meeresspiegels sind noch weitgehend ungeklärt.

---

[5] Die Kernprobleme des Globalen Wandels werden im folgenden *kursiv* markiert, um das Ursache-Wirkungsgefüge der einzelnen Probleme besser zu erkennen.

Auch die *Bodendegradation*, primär verursacht durch rasches Bevölkerungswachstum und wirtschaftliche Aktivitäten (Übernutzungen, Verdichtungen und Versiegelungen sowie Giftstoffbelastungen von Böden), bedeutet oft die Zerstörung menschlicher Lebensgrundlagen. Dies wiederum kann Hunger, Migration und kriegerische Auseinandersetzungen zur Folge haben (vgl. WBGU 1996b, S. 109).

Ohne Folgen bleibt auch nicht die *Verknappung und Verschmutzung von Süßwasser* sowie die *Übernutzung und Verschmutzung der Weltmeere*. Der Rückgang der lokalen und regionalen Süßwasservorräte – unter anderem bedingt durch intensive Bewässerungslandwirtschaft, Industrialisierung und Urbanisierung – führt „zunehmend zu ökonomischen, sozialen und politischen Konflikten um die knapper werdende Ressource, die auch globale Auswirkungen haben können" (WBGU 1996b, S. 109).

Mit dem *Verlust von Biodiversität* ist die Verminderung der Vielfalt des Artenreichtums gemeint, die durch Waldrodung, Umwandlung von Weiden in Ackerland usw. verursacht wird. Waldrodung ist zudem einer von vielen menschlichen Eingriffen in das natürliche System, die als Ursachen für die *Zunahme anthropogen verursachter Naturkatastrophe* gelten: „Beispielsweise werden durch die Abholzung von Wäldern im Himalaya Hochwasser in den Gebirgsvorländern verursacht. Dies führt u.a. zu einem Migrationsdruck (Umweltflüchtlinge), der weite Teile der Völkergemeinschaft tangiert" (WBGU 1996b, S. 110).

3.2.2 Anthroposphäre

Die Anthroposphäre beschreibt den vom Menschen beeinflussten Raum, in dem sich das raumrelevante Handeln der Gesellschaft und des Individuums abspielt (vgl. Leser 2001, S. 38).

Kernprobleme des Globalen Wandels der Anthroposphäre sind die *Bevölkerungsentwicklung und -verteilung, die umweltbedingte Gefährdung der Welternährung und -gesundheit sowie die globalen Entwicklungsdisparitäten.*

In erster Linie gehört das starke *Wachstum der Erdbevölkerung* zu den Problemen mit den stärksten Folgeerscheinungen für Natur und Mensch. Hinzu kommen Landflucht sowie intra- und internationale Migrationsbewegungen, was das rapide Wachstum insbesondere in Metropolen in Entwicklungsländern verstärkt. Vielerorts kann die städtische Infrastruktur (Energie, Wasser, Verkehr, soziale Dienste) mit diesem Wachstum nicht Schritt halten, wodurch weitere Umwelt- und Armutsprobleme induziert werden (vgl. WBGU 1996b, S. 110).

Bevölkerungswachstum ist wiederum – neben *Bodendegradation* und *Wasserknappheit* – zum einen Ursache für die *Fehl- bzw. Unterernährung eines großen Anteils der Menschen*, zum anderen Grund für die *umweltbedingte Gefährdung der Weltgesundheit*. Hierbei führen zusätzlich die *Verschmutzung des Trinkwassers* und die mangelhafte Abwasserbehandlung zu einem verstärkten Auftreten von Infektionskrankheiten, Epidemien und Seuchengefahr.

Ferner stellen die *globalen Entwicklungsdisparitäten* zwischen Ländern der Dritten Welt und den Industrienationen ein weiteres Kernproblem des Globalen Wandels dar. Diese strukturellen Ungleichgewichte haben in den letzten Jahrzehnten mit der Globalisierung und der verstärkten internationalen Arbeitsteilung nicht ab- sondern eher zugenommen. Einigen Ländern haben diese Entwicklungen einen ökonomischen Aufschwung eingebracht, allerdings häufig auf Kosten der natürlichen Umwelt (vgl. WBGU 1996b, S. 110).

Die Ganzheit des Systems Erde ist also durch ein kompliziertes Ursache-Wirkungsgefüge zwischen den einzelnen Kernproblemen des Globalen Wandels gekennzeichnet, das es gilt zu erklären. An dieser Stelle setzt der Syndromansatz des WBGU an.

4. Das Syndrom-Konzept

4.1 Systematischer Ansatz

Ziel des Syndromsansatzes ist es nun, diese komplexen Wechselwirkungen zwischen Vorgängen in der Anthroposphäre und der Natursphäre zu analysieren, um daraus neue Leitlinien für die Forschung zum Globalen Wandel abzuleiten. Dabei ermöglicht der Syndromansatz „eine Operationalisierung des für den Globalen Wandel erforderlichen vernetzten Denkens" (WBGU 1996a, S.1f).

Im Gegensatz zu anderen Methoden werden als Untersuchungselemente nicht, wie sonst üblich, „einfach zu induzierende Basisvariablen wie z.B. CO_2-Konzentration in der Atmosphäre, Bevölkerungszahl oder Bruttosozialprodukt gewählt. Stattdessen werden die wichtigsten Entwicklungen des Globalen Wandels als qualitative Elemente verwendet." (WBGU 1996b, S. 111). Diese so genannten Trends bezeichnen – analog zu den Kernproblemen – hochkomplexe Prozesse in der Natur- und Anthroposphäre und bilden die Grundlage für die Beschreibung der Entwicklung des Systems Erde sowie der Dynamik des Globalen Wandels. Das Zusammenwirkung mehrerer Trends hat wiederum Auswirkungen auf die Umwelt und die gesellschaftliche Entwicklung.

Die Kernprobleme des Globalen Wandels können dabei zum einen identisch mit entsprechenden Trends sein, zum anderen aus einer Summe mehrerer Trends bestehen. So setzt sich das Kernproblem Bodendegradation beispielsweise aus mehreren Trends der Pedosphäre (Erosion, Fertilitätsverlust, Versalzung, Versiegelung) zusammen, während der Klimawandel einen besonders dominanten Einzeltrend im Wirkungsgefüge darstellt (vgl. WBGU 1996, S. 113ff). Zudem können Trends gleichzeitig sowohl negative als auch positive Auswirkungen auf Mensch und Natur haben. Beispiele hierfür sind Trends wie die Globalisierung der Märkte oder der Fortschritt in der Bio- und Gentechnologie, die sich je nach Blickwinkel positiv oder negativ auswirken können. Außerdem gibt es Trends, die den Kernproblemen des Globalen Wandels sogar entgegenwirken, wie zum Beispiel die Verstärkung des nationalen Umweltschutzes, das wachsende Umweltbewusstsein oder die Zunahme internationaler Abkommen (vgl. WBGU 1996, S. 113).

Insgesamt hat der WBGU mehr als 80 solcher Trends der globalen Umwelt- und Entwicklungsdynamik ausgewiesen und diese durch die Erfassung von Wechselwirkungen auf der Basis von Expertenwissen miteinander verkoppelt. „Jede Einwirkung eines Trends auf einen anderen wird durch die qualitative Charakterisierung als ‚Verstärkung‘ oder ‚Abschwächung‘ dargestellt" (WBGU 1996, S. 115). Als Anwendungsbeispiele wären hier zu nennen, dass der Trend zur Emanzipation das Bevölkerungswachstum abschwächt oder der Treibhauseffekt den Meeresspiegelanstieg verstärkt.

Auf diese Weise entsteht aus den Trends und deren Interaktionen untereinander ein qualitatives Netzwerk, das den Globalen Wandel mit seinen Kernproblemen als System beschreibt. Dieses so genannte Globale Beziehungsgeflecht lässt sich auch für eine regionale Ebene entwickeln. Dabei wird deutlich, dass bei einer regionalisierten Betrachtungsweise des Systems Erde das Ursache-Wirkungsgefüge zwischen Mensch (Anthroposphäre) und Umwelt (Natursphäre) oftmals nach immer denselben Mustern abläuft. Diese funktionalen Muster werden als Syndrome bezeichnet und sind demnach „unerwünschte charakteristische Konstellationen von natürlichen und zivilisatorischen Trends und ihrer Wechselwirkungen, die sich geographisch explizit in vielen Regionen dieser Welt identifizieren lassen" (WBGU 1996a, S. 3).

Von den globalen Kernproblemen über die Trends hin zu der regionale Ebene der Syndrome, lässt sich die komplexe globale Umwelt- und Entwicklungsproblematik mittels des Syndromansatzes also auf eine überschaubare Anzahl von Umweltdegradationsmustern zurückführen. Ziel ist es, diese Syndrome zu lindern oder zu beseitigen, besser noch ihre Entstehung vorsorgend zu vermeiden. Insgesamt hat der WBGU bis zum heutigen Zeitpunkt 16 Syndrome identifiziert.

4.2 Syndrome des Globalen Wandels

Die 16 Syndrome werden in drei Gruppen gegliedert: „Gruppe Nutzung", „Gruppe Entwicklung" und „Gruppe Senken" (siehe Tab. 1).

Tabelle 1: Übersicht über der 16 Syndrome des Globalen Wandels

Syndromgruppe „Nutzung"	Syndromgruppe „Entwicklung"	Syndromgruppe „Senken"
Landwirtschaftliche Übernutzung marginaler Standorte: *Sahel-Syndrom*	Umweltschädigung durch zielgerichtete Naturraum-gestaltung im Rahmen von Großprojekten: *Aralsee-Syndrom*	Umweltdegradation durch weiträumige diffuse Verteilung von meist langlebigen Wirkstoffen: *Hoher-Schornstein-Syndrom*
Raubbau an natürlichen Ökosystemen: *Raubbau-Syndrom*	Umweltdegradation durch Verbreitung standortfremder landwirtschaftlicher Produktionsverfahren: *Grüne-Revolution-Syndrom*	Umweltverbrauch durch geregelte und ungeregelte Deponierung zivilisatorischer Abfälle: *Müllkippen-Syndrom*
Umweltdegradation durch Preisgabe traditioneller Landnutzungsformen: *Landflucht-Syndrom*	Vernachlässigung ökologischer Standards im Zuge hoch-dynamischen Wirtschaftswachstums: *Kleine-Tiger-Syndrom*	Lokale Kontamination von Umweltschutzgütern an vorwiegend industriellen Produktionsstandorten: *Altlasten-Syndrom*
Nicht-nachhaltige industrielle Bewirtschaftung von Böden und Gewässern: *Dust-Bowl-Syndrom*	Umweltdegradation durch ungeregelte Urbanisierung: *Favela-Syndrom*	
Umweltdegradation durch Abbau nichterneuerbarer Ressourcen: *Katanga-Syndrom*	Landschaftsschädigung durch geplante Expansion von Stadt- und Infrastrukturen: *Suburbia-Syndrom*	
Erschließung und Schädigung von Naturräumen für Erholungszwecke: Massentourismus-Syndrom	Singuläre anthropogene Umweltkatastrophen mit längerfristigen Auswirkungen: *Havarie-Syndrom*	
Umweltzerstörung durch militärische Nutzung: *Verbrannte-Erde-Syndrom*		

(Quelle: eigene Bearbeitung nach WBGU 1996a, S. 5)

Bei der Gruppe „Nutzung" handelt es sich um Syndrome, die infolge einer einseitigen oder sorglosen Ausbeutung von natürlichen Ressourcen auftreten. Die Gruppe „Entwicklung" umfasst solche Syndrome, die sich aus nicht-nachhaltigen Fortschrittsprozessen ergeben. Und in der Gruppe „Senken" werden jene Syndrome zusammengefasst, die das Ergebnis einer unangepassten Entsorgung von Stoffen in Wasser, Boden und Luft sind.

Gekennzeichnet werden die Syndrome durch folgende, oben bereits teils beschriebene Merkmale (vgl. Schottes 2000, S. 11): Sie sind

- *transregional*, das heißt dass ein Syndrom an verschiedenen Stellen der Erde in unterschiedlicher Ausprägung auftreten kann,

- *transsektoral*, was beinhaltet, dass für jedes Syndrom der Querschnittcharakter wesentlich ist und somit ein Syndrom über verschiedenen Sektoren des Systems Erde (z.B. Hydrosphäre, Pedosphäre, Atmosphäre usw.) beeinflusst wird, immer aber einen direkten oder indirekten Bezug zu Naturressourcen hat, und
- *dynamisch*, das heißt sie definieren sich im wesentlichen durch eine (Eigen-) Dynamik wie z.B. einen Teufelskreis oder eine ‚Schere', also einen Wettbewerb zwischen positiven und negativen Entwicklungen.

Benannt sind die Syndrome größtenteils nach der Region, in denen sie bereits heute stark auftreten. Jedoch sind die Syndrome trotz der jeweiligen Namensgebung jregionenuntypisch formuliert, so dass ein bestimmtes Syndrom überall dort auftreten kann, wo sich die jeweiligen Trends zu einem charakteristischen Muster verdichten. Zudem können in einer Region mehrere Syndrome gleichzeitig auftreten.

4.3 Zuordnung der Kernprobleme des Globalen Wandels zu Syndromen

Syndrome setzen sich – wie bereits oben erläutert – aus verschiedenen Trends zusammen. Die Kernprobleme des Globalen Wandels bestehen wiederum häufig aus der Summe mehrerer Trends[6]. Ein Syndrom ist somit ein Querschnittphänomen, das verschiedene Kernprobleme des Globalen Wandels in sich vereinigt. Tabelle 2 zeigt, dass alle globalen Kernprobleme jeweils in Bezug zu mehreren Syndromen gesetzt werden können.

---

[6] Siehe hierzu Kap. 4.1 (Seite 12)

Tabelle 2: Zuordnung von Kernproblemen des Globalen Wandels zu Syndromen

Gruppe	Syndrom	Klimawandel	Verlust an Biodiversität	Bodendegradation	Süßwasserverknappung	Gefährdung der Weltgesundheit	Gefährdung der Welternährung	Bevölkerungsentwicklung	Anthropogene Naturkatastrophen	Übernutzung und Verschmutzung der Weltmeere	Globale Entwicklungsdisparitäten
Gruppe Nutzung	Sahel-Syndrom		•	•	•		•	•	•		•
	Raubbau-Syndrom	•	•	•	•				•	•	•
	Landflucht-Syndrom		•	•			•	•	•		•
	Dust-Bowl-Syndrom	•	•	•	•		•		•		
	Katanga-Syndrom		•	•	•						
	Massentourismus-Syndrom		•	•	•				•		
	Verbrannte-Erde-Syndrom		•	•		•	•	•			•
Gruppe Entwicklung	Aralsee-Syndrom	•	•	•	•			•	•		•
	Grüne-Revolution-Syndrom		•	•	•	•	•	•			•
	Kleine-Tiger-Syndrom	•	•	•	•	•		•			•
	Favela-Syndrom	•		•	•	•		•			•
	Suburbia-Syndrom	•	•	•	•						
	Havarie-Syndrom		•	•		•					
Gruppe Senken	Hoher-Schornstein-Syndrom	•	•	•		•		•		•	
	Müllkippen-Syndrom		•	•		•					
	Altlasten-Syndrom		•	•		•				•	

(Quelle: eigene Bearbeitung nach WBGU 1996b, S. 131)

Die Spalten dieser Tabelle entsprechen den in Kapitel 3.2 beschriebenen Kernproblemen des Globalen Wandels, in den Zeilen sind die 16 Syndrome abgetragen. Trägt ein bestimmtes globales Kernproblem zu einem gegebenen Syndrom bei, so weisen die entsprechenden Felder in der Tabelle einen Punkt auf.

4.4 Fallbeispiele: Syndrome als Ursache von Migration - Migration als Ursache von Syndromen

Mit Bezug zum Seminarthema „Umweltveränderung und Migration", in dessen Rahmen diese Arbeit verfasst wird, werden im folgenden zwei Syndrome vorgestellt, in denen Migration sowohl als Ursache als auch als Folge auftritt.

4.4.1 Das Sahel-Syndrom

Das Sahel Syndrom beschreibt ganz generell die Umweltdegradation und die Zerstörung natürlicher Ressourcen durch unangepassten Feldbau. Damit ist vor allem die Übernutzung marginaler landwirtschaftlicher Produktionsstandorte (z.B. Überweidung oder die Ausweitung von Ackerbau auf ökologisch anfällige gebiete) durch arme oder von Verarmung bedrohte ländliche Bevölkerungsgruppen gemeint. Es handelt sich hierbei um eine Konstellation, die „den Bauern und Nomaden wenig oder keine Handlungsalternativen lässt und die – im Zusammenspiel mit räumlichen Bedingungen – zu einer weiteren Verschlechterung der sozialen und ökologischen Lage der betroffene Gebiete führt" (Krings 2002, S. 130).

Als Ausgangspunkt des Sahelsyndroms bestehen mehrere Faktoren, die sich zudem gegenseitig verstärken: Die Intensivierung ursprünglich nachhaltiger Bodenbearbeitungsmethoden (z.B. die Aufgabe von Fruchtfolge- und Rotationssystemen oder die Verkürzung der Brachezeiten), unangepasste Entwicklungsstrategien (Sesshaftmachung von Nomaden, Tiefbrunnenbau) und hohes Bevölkerungswachstum können zur Entstehung des Sahel-Syndroms beitragen. Insbesondere aufgrund des Bevölkerungswachstums überschreitet die Landwirtschaft eine kritische Grenze, so dass die ländliche Bevölkerung gezwungen ist, ihre angestammten Gebiete zu verlassen und auf marginale Standorte auszuweichen (vgl. WBGU 1994, S 161). Da diese marginalen Standorte aufgrund der natürlichen Umweltbedingungen (Boden, Klima etc.) nur begrenzte landwirtschaftliche Nutzungsaktivitäten zulassen, wird die ökologische Tragfähigkeit des jeweiligen Raumes überschritten. Folgen sind die typischen Erscheinungsformen dieses Syndroms[7]: Bodendegradation (Erosion, Versalzung, Überdüngung), die Ausbreitung wüstenähnlicher Verhältnisse, die Verknappung von

---

[7] vgl. hierzu auch die Zuordnung der Kernprobleme des Globalen Wandels zum Sahelsyndrom (Tab.2)

Süßwasserressourcen, die Veränderung naturnaher Ökosystem (z.B. Entwaldung oder Brennholzeinschlag), der Verlust biologischer Vielfalt und die Veränderung des regionalen Klimas (vgl. WBGU 1996b, S. 120ff und Krings 2002, S. 130f).

Die syndromspezifischen Probleme der ohnehin armen Bevölkerung sind wachsende Verarmung, eine steigende Anfälligkeit gegenüber Naturkatastrophen sowie zunehmende Häufigkeit von politischen und sozialen Konflikten um knappe Ressourcen (vgl. Krings 2002, S. 130). Zudem ist Migration eine weitere schwerwiegende Folge des Sahel-Syndroms: Zum einen flüchtet ein Großteil der Bevölkerung in die Metropolen bzw. ins Ausland, was in den betreffenden Regionen zu weiteren negativen Effekten führt. Zum anderen weicht eine Teil der Bevölkerung auf weitere marginale Standorte aus, was wiederum die oben beschriebenen Folgenkette in Bewegung setzt.

Die umweltbedingte Migration ist in diesem ‚Teufelskreis', in dem sich Verarmung, Übernutzung und Umweltdegradation gegenseitig verstärken, also zugleich (Teil-) Ursache und Folge eines Syndroms.

4.4.2 Das Aralsee-Syndrom

Das Aralsee-Syndrom gehört zu der Gruppe „Entwicklung", in der jene Syndrome zusammengefasst sind, die sich aus nicht-nachhaltigen Entwicklungsprozessen ergeben. In diesem Fall beschreibt das Aralsee-Syndrom die Zerstörung der Lebensgrundlagen für Menschen, Tiere und Pflanzen durch die Fehlplanung landwirtschaftlicher Großprojekte, die an den ökologischen Möglichkeiten der Region vorbeiwirtschaften (vgl. WBGU 1994, S. 166).

Oftmals sind ganze Naturlandschaften betroffen, in die häufig ohne Berücksichtigung der lokalen Gegebenheiten unter hohem Kapitaleinsatz planerisch eingegriffen wird. In den meisten Fällen des Aralsee-Syndroms handelt es sich dabei um großtechnische Anlagen wie Staudämme und Bewässerungsprojekte, deren Auswirkungen nicht genügend bedacht wurden und die Umweltdegradation und soziale Verwerfungen zur Folge haben (vgl. WBGU 1996b, S. 125).

Die Aralseeregion zeigt dieses Syndrom in voller Ausprägung, weshalb diese auch namensgebend ist. Der Aralsee war einst der viertgrößte Süßwassersee der Erde inmitten einer ehemals fruchtbaren, wald- und artenreichen Region, deren Bevölkerung sich größtenteils auf Fischfang und Landwirtschaft spezialisiert hatte. Seit Ende der 1960er Jahre werden die Zuläufe des Aralsees angezapft (nur noch etwa 10 % erreichen den See) und einem gigantischen Bewässerungssystem für die Baumwollproduktion mit der Folge zugeführt, dass die Oberfläche des Sees um über die Hälfte schrumpfte und das Volumen sogar um zwei Drittel zurückging (vgl. WBGU 1996b, S. 125).

Die Auswirkungen dieser Fehlplanung fallen verheerend aus: „Der ehemalige Seeboden ist nun eine Salzwüste, von der der Wind jährlich 40 bis 150 Mio. Tonnen Salz und Sand auf das fruchtbare Land des Amu Darya-Delta verfrachtet. Sämtliche 24 Fischarten sind heute ausgestorben, 60.000 Fischer haben ihre Beschäftigung verloren. Für eine nur kurzfristig mögliche Ausweitung der landwirtschaftlichen Produktion wurden durch die ökologischen Folgeschäden weite Teile der Region verwüstet" (WBGU 1996b, S. 125f).

Am Ende dieser Wirkungskette steht die Abwanderung ganzer Dorfgemeinschaften aufgrund des Verlustes der Lebensgrundlage. Zudem kam es aufgrund Kontaminationen einiger Teilräume sogar zu Zwangsumsiedlungen lokaler Bevölkerungsteile. In diesem Syndrom zeigt sich besonders, inwiefern der Globale Wandel zu umweltbedingter Migration, Abwanderung und Landflucht führen kann.

5. Fazit

Der vom WBGU im Jahre 1993 entwickelte Syndrom-Ansatz dient der fächerübergreifenden Beschreibung globaler Umwelt- und Entwicklungszusammenhänge. Syndrome („Krankheitsbilder") sind dabei typische Ursache-Wirkungsmuster des Globalen Wandels mit Auswirkungen auf Mensch und Natur, die an verschiedenen Stellen der Erde in unterschiedlicher Ausprägung auftreten können. Ziel des Syndromansatzes ist es, die Ursachen dieser globalen Entwicklungs- und Umweltprobleme zu erkennen, Maßnahmen zu ihrer Linderung und Vermeidung aufzuzeigen und künftige Entwicklungen vorherzusagen. Zudem lässt sich anhand der Syndromanalyse abschätzen, welche Regionen für bestimmte Krankheitsbilder anfällig sind oder in naher Zukunft sein können.

Umweltbedingte Migration wird im Syndromkonzept größtenteils nur sekundär behandelt. Zwar kommt zum Ausdruck dass umweltbedingte Migration zum einen Ursache, zum anderen auch Folge eines Syndroms sein kann, doch werden die gesellschaftlichen Antriebskräfte meiner Meinung nach zu wenig thematisiert.

An dieser Stelle setzt auch meine Kritik am Syndromansatz des WBGU an, die ich analog zum Syndrombegriff mit ‚viel Diagnose – wenig Therapie' überschreiben würde: Zur Analyse und Beschreibung globaler Entwicklungs- und Umweltprobleme scheint mir der Syndromansatz ein geeignetes Konzept zu sein. Positiv dabei zu bewerten ist sicherlich der Versuch die Erde im Ganzen als globales System zu verstehen und dabei interdisziplinäre Forschung zu betreiben. Allerdings macht dies den Syndromansatz zu einem äußerst komplizierten Konstrukt: die Probleme des Globalen Wandels und die Interaktionen untereinander sind derart komplex, dass sie meiner Meinung nach nicht mithilfe von nur 16 Syndromen dargestellt werden können. Wenngleich das System Erde mit einer erstaunlichen Akribie analysiert wird, fehlen in meiner Sicht konkrete Lösungsansätze, die zur Linderung der Probleme führen. Zwischen Problembeschreibung und Problemlösung besteht bei den einzelnen Syndromen in meinen Augen ein Missverhältnis. Zudem sind die wenigen Handlungsempfehlungen, die vom WBGU zu den einzelnen Syndromen gegeben werden, aus meiner Sicht zu schwammig formuliert, so dass mittels des Syndromansatzes die globalen Umwelt- und Entwicklungsprobleme nur schwer in den Griff zu bekommen sind.

6. Quellen- und Literaturverzeichnis

Aachener Stiftung Kathy Beys (2005): Rio-Konferenz von 1992.
(http://www.nachhaltigkeit.info/artikel/weltgipfel_rio_de_janeiro_1992_539.htm
letzter Abruf: 29.12.06)

KRINGS, Thomas (2002): Zur Kritik des Sahel-Syndromansatzes aus der Sicht der
Politischen Ökologie. - In: Geographische Zeitschrift, Band 90, Heft-Nr. 3/4, Seite 129-141.

LESER, Hartmund (2001): Wörterbuch Allgemeine Geographie. 12. Auflage. Braunschweig.

MÜHLE, Heidrun (2000): Der Syndrom-Ansatz – eine Möglichkeit für die Entwicklung von
Nachhaltigkeitsindikatoren. - In: TA-Datenbank-Nachrichten, Heft-Nr. 2, 9. Jg.

NILLER, H.-P. (2004): Wissenschaftstheoretische und methodologische Grundprobleme der
Geographie, WS04/05, Kap. 2

PETSCHEL-HELD, Gerhard, BLOCK, Arthur *und* SCHELLNHUBER, Hans Joachim. (1995):
Syndrome des globalen Wandels. Ein systemarer Ansatz für Sustainable-Development-
Indikatoren. - In: Geowissenschaften, Band 13, Heft Nr. 3, Seite 81-87.

SCHOTTES, Peter (2000): Verknüpfung von natur- und sozialwissenschaftlichen Daten zum
Küstenmanagement auf Sylt in einem Geographischen Informationssystem und in eine
Metadatensystem. Kiel.

WBGU (1994): Welt im Wandel: Die Gefährdung der Böden. Bonn

WBGU (1996a): Welt im Wandel: Herausforderung für die Wissenschaft - Kurzfassung.
Bonn.

WBGU (1996b): Welt im Wandel: Herausforderung für die Wissenschaft. Bonn.

WBGU (2005): Politikberatung zum Globalen Wandel. Berlin.